ÜBER WASSERKRAFT=
ANLAGEN

PRAKTISCHE ANLEITUNG
ZU IHRER PROJEKTIERUNG, BERECHNUNG
UND AUSFÜHRUNG

VON

FERDINAND SCHLOTTHAUER
INGENIEUR

DRITTE AUFLAGE

MIT 13 ABBILDUNGEN

MÜNCHEN UND BERLIN 1923
DRUCK UND VERLAG VON R. OLDENBOURG

www.ingramcontent.com/pod-product-compliance
Lightning Source LLC
Chambersburg PA
CBHW022312240326
41458CB00164BA/832